Das große AUTO-WIMMELBUCH

Stefan Seidel

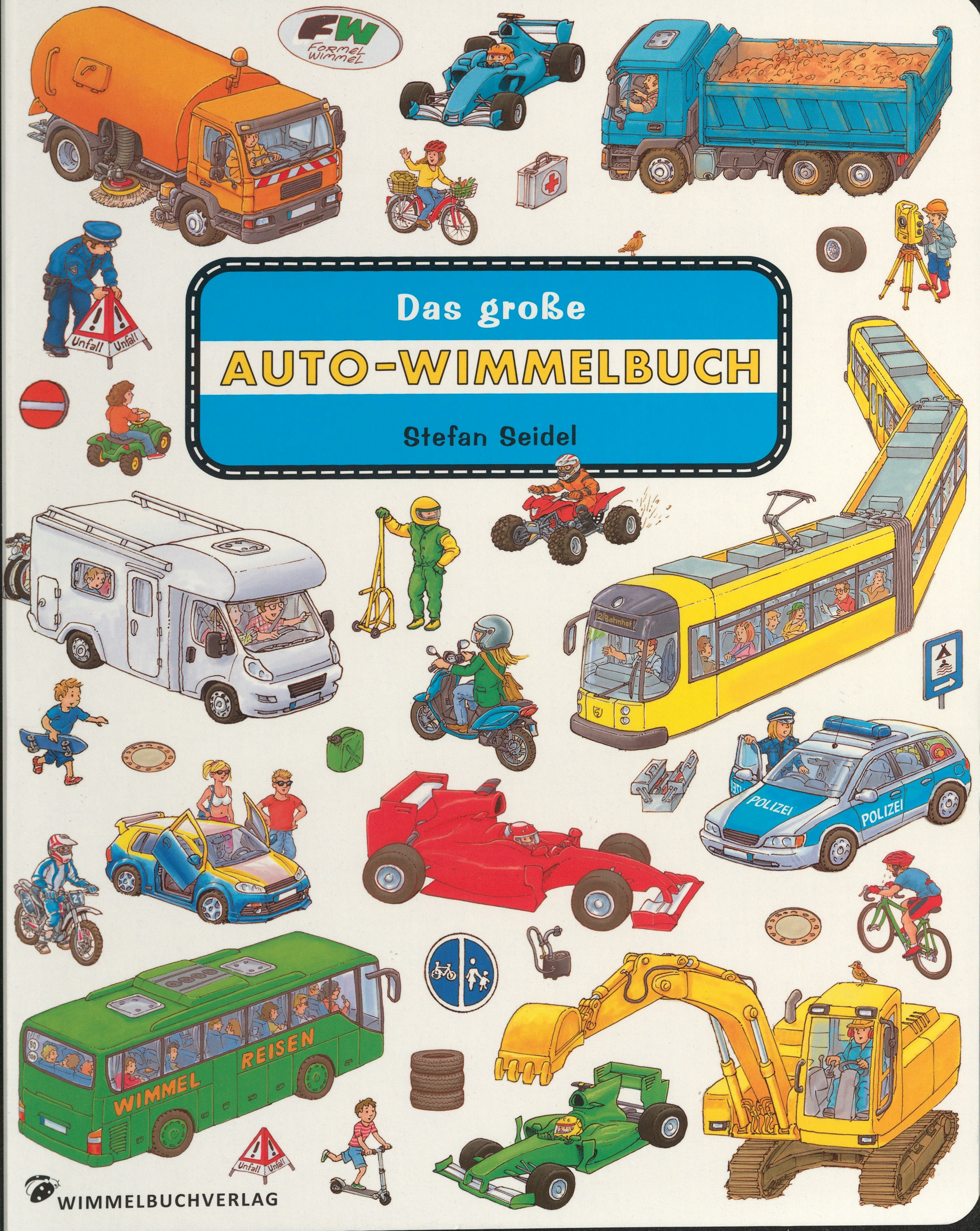

WIMMELBUCHVERLAG

Findest du di

Liegt der blaue Rennwagen in Führung?

Henry macht immer sauber, oder etwa nicht?

Welche Aufgabe hat Hug
beim Autorennen?

Wo soll ich denn nun parken?

Guidos neuer Sportwagen wird
von Stunde zu Stunde schmutziger.

Die beiden sind ein starkes Team!

Wohin packt Oma Gerti
ihre Einkäufe?

Wohin bringt Jeff die
neuen Autos?

Ist noch ein Platz
frei im Bus?

Was versteckt sich unter der Abd

e Fahrzeuge?

Tierarzt Oli macht oft Hausbesuche.

Oje, was ist denn da passiert?

Findest du Julia
auf ihrem Bobbycar?

Familie Sommer genießt den Urlaub
in ihrem Wohnmobil.

Gibt es für den blauen Traktor
auch einen Anhänger?

Franzi fährt am liebsten
mit dem Fahrrad.

Was macht Bauer Fred?

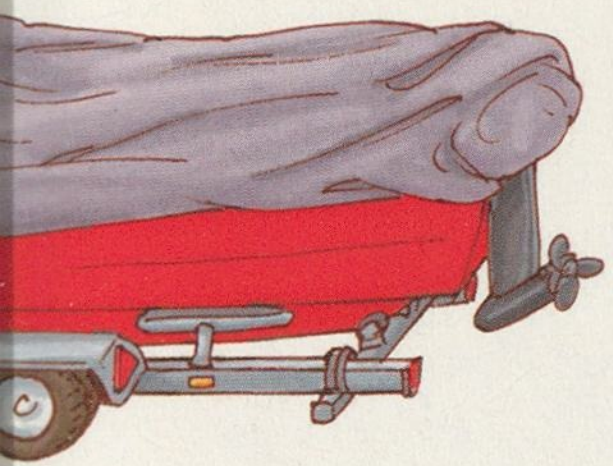

xplane?

Was macht das orange Auto?

Was ist das denn für ein Fahrzeug?

AUTOHAUS
POLIZEI
POLIZEI
POLIZEI
POLIZEI
POLIZEI
WIMMEL REISEN

Ausfahrt
P
2m
Einfahrt
KUNSTSTOFF
NOTFALL
AMBULANZ
SUPERKAUF

SUPERKAUF
FW
Formel Wimmel
SNACK& CO
EXTRA FIX

MOTOR MOBIL MOTOR
Unfall Unfall

KFZ-WERKSTATT

CAMPING
REZEPTION
H
892

FEUERWEHR 112
POLIZEI
Autowäsche
Luft
Wasser
Autowäsche

TRANSPORT
SUPERKAUF
WIMMEL REISEN

Wo man nur hinguckt – im Autowimmelland passieren viele aufregende Dinge. Vor dem Autohaus werden gerade die neuen Sportwagen geliefert, der Rettungswagen muss zu einem Unfall auf der Autobahn, beim Autorennen kommt es zu einem besonders gewagten Überholmanöver und auf der Baustelle wird fleißig gearbeitet.

In diesem Wimmelbuch können kleine Autofans in über 30 fortlaufenden Geschichten das rege Treiben in der Stadt, an der Rennstrecke, auf dem Land und nachts auf der Raststätte begleiten, viele verschiedene Fahrzeuge suchen und so selbst zu großen Entdeckern werden!

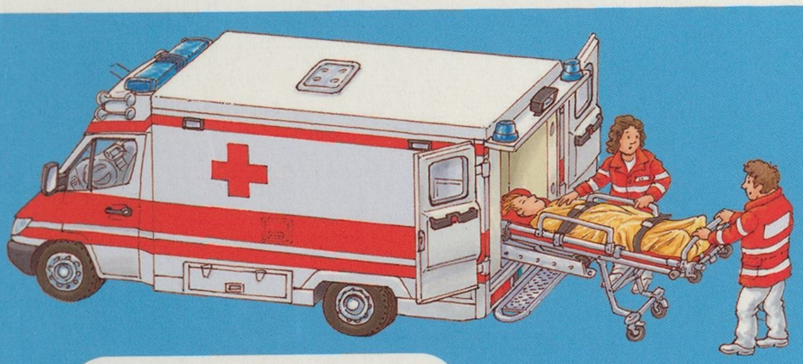

Die Sanitäter werden zu einem Unfall gerufen.

Raser Gerd ist für alle eine Gefahr!

Herr Rauchs Oldtimer macht ständig Probleme.

Wer fährt da mit dem Motorrad?

Bauer Jan transportiert wirklich alles mit seinem Mini-LKW.

Die Polizei hat auf den Straßen alle Hände voll zu tun.

ISBN 978-3-94249-127-3

9 783942 491273

www.wimmelbuchverlag.de
Adrian & Wimmelbuchverlag GmbH
Friedrichstraße 126, 10117 Berlin

Printed in Germany 2024